SUDOKU

100 PUZZLES WITH SOLUTIONS

EASY LEVEL **BOOK 7**

ISBN: 9781693663550
Copyright © 2019 Tim Bird.

All rights reserved. No part of this publication may be reproduced, distributed, or transmitted in any form or by any means, including photocopying, recording, or other electronic or mechanical methods, without the prior written permission of the publisher.

The contents of this book are believed to be correct at time of printing. Nevertheless the publisher cannot accept responsibility for errors and omissions, changes in the detail given or for any expense or loss thereby caused.

A standard Sudoku puzzle consists of a grid of 9 blocks. Each block contains 9 boxes arranged in 3 rows and 3 columns.

8	4	1	7	9	6		3	2
			2	5	4	8	1	
6	2	5	3	1		9	4	7
2		8		3	7	4	5	1
3		7	4	8		2	6	9
	5	6	9		1			8
5							2	3
1	6	3	8	4	2	7	9	5
9	7	2	5	6	3	1	8	4

The Basic Rules of Sudoku:

- There's only one solution to a Sudoku puzzle. A puzzle is considered solved when all 81 boxes contain numbers by following the Sudoku rules.
- When you start a game of Sudoku some blocks already have numbers (fewer number make a harder puzzle). These numbers cannot be changed.
- Each column must contain every number from 1 to 9 and no two numbers in the same column can be duplicated.
- Each row must contain every number from 1 to 9 and no two numbers in the same row can be duplicated.
- Each block must contain every number from 1 to 9 and no two numbers in the same block can be duplicated.

Here's the solved puzzle:

8	4	1	7	9	6	5	3	2
7	3	9	2	5	4	8	1	6
6	2	5	3	1	8	9	4	7
2	9	8	6	3	7	4	5	1
3	1	7	4	8	5	2	6	9
4	5	6	9	2	1	3	7	8
5	8	4	1	7	9	6	2	3
1	6	3	8	4	2	7	9	5
9	7	2	5	6	3	1	8	4

Puzzle 1

9	3	8	5		2	7	1	6
	4	2	1	9	6	5	8	3
1	6	5		7	3			2
3	1		7	8	5	2	6	9
2	9	7		6		8	3	
5	8	6	2	3	9	1		
8	7	3	9	5	4	6	2	1
6	5	1	3	2				
4	2	9	6	1		3	5	

Puzzle 2

9	2	5	1	4	3			
1	3	6			8	5	4	2
4	8	7	2	6	5	3	9	1
5	6	1	8	2	7	4	3	9
7	4		3	5	9	1		
3	9		6	1	4			5
2	7	3	5		6	9	1	4
	5	9	4		1	2		
	1	4			2		5	

Puzzle 3

4	3	8	9	7	6	1	5	2
7		6	5	8		9	4	3
	2	9	1	3	4	6	7	8
		2	3	4		7	6	
3	6	7	2	9	5	4	8	1
	4	5	7	6		3	2	9
		3		5	7	2	1	
	7	1		2	3	5	9	
2	5	4		1	9			

Puzzle 4

8		9	7	3		1	2	4
1	4	7	8	2	9	3	6	5
2	5	3	4	1		7		8
			2	4			3	9
9	3	8		5	1	4	7	
	2	4	3	9	7		8	1
4	8	6	1	7	2	9	5	3
3	9	2	5	6	4	8	1	7
			9	8	3			

Puzzle 5

	8		9	1	7	6	2	4
2		4	3	8	6	7	5	9
7		9	5	4	2	1	8	3
9			4	7	5		1	6
	7		2	3	1	4	9	
1	4	3	6		8			
	3	2	1	5		9	6	7
	9	1		2	3	8		5
4	5	7	8	6	9	2	3	1

Puzzle 6

7	6	4	2	3	5	1		8
8	5	3	9	1	6	7	4	2
	2	9		7	8	5	6	3
5	1	8	6	4		2		9
	4	7	8	2	9	6	1	5
	9	6	7	5	1	8	3	4
9	7		3	6	2	4	8	1
6	8			9	4	3		7
				8	7			6

Puzzle 7

7		1			8	3	2	6
			2	6	9	1	7	8
8	6	2	7		1		9	
9		8	6		7	2	3	
1			3	8	2		6	9
2	3	6			4	7	8	
6	2	7			5	8	1	3
4	8	3	1	7	6	9	5	2
5	1	9	8	2	3	6	4	7

Puzzle 8

8		6	7	2	3	5	9	4
4	7	2		5				3
9	3	5		6		7		2
7	6	4	1	9	8	2	3	5
5	9	1		3		8		
2	8	3	5	7	6	9	4	1
6	4	7	3	8	5	1	2	9
3	2	8		1		4	5	
1	5	9		4		3		8

Puzzle 9

4	8	6	3	9	2	7	1	5
3		1				2	9	
9	2	5	1	7			8	
1	6	9	4	2	7	8	5	3
8	5		6	3	1	9	4	
7	3	4	9	5	8	1	6	
6	4	7		1		5		9
2	9	8		4	5	6	3	1
	1		2	6	9	4	7	8

Puzzle 10

5	6	2	9		7		3	
7			4	5	6		2	9
9	4	1	3	2	8	6	7	5
8	5	6	1		9	3	4	2
4	1	9	2		3	7		6
2				5		4	8	9	1
3			6	9	2	5	1	
1	2		8		5	9	6	
6	9	5	7		1	2	8	

Puzzle 11

4	1	6	7	8	9	3	5	2
2	7	5	6				9	8
9	3	8		2			7	6
7	5	4		6	2	8		9
6	9					7	2	4
8	2		9	4	7	6		5
5	8	7		9		2	6	1
3	6	2			8	9	4	
1	4	9	2	7	6	5	8	3

Puzzle 12

		4	6	8	7	1	2	9
2			9		1	8	4	3
1	9	8	3	4	2	6	7	5
8			5	2	4	9	3	1
		1	8		3		6	2
	2	3	1		6		8	4
	8	2	4		9	3		6
6	1	5	2	3	8	4	9	7
		9	7	6	5	2	1	8

Puzzle 13

8	7	4	5	1	9	2		6
2	1	9	8	3	6	7		5
5	6	3	4	7	2	1	8	9
3	8	5	2	9	7	6	1	
4	2		3	5		8		7
7	9	1	6	8		5	2	3
	3		1		5			2
	4			6		3		1
1		7	9	2	3	4	6	8

Puzzle 14

		3	8	5		6	4	9
5	4	6	9	3	7	2	8	1
	8	9		6		5	3	7
		8		1	9		6	4
6		1		7		9	2	8
	9	4	6	2	8		1	5
9		7		8		4	5	6
8	6	2	7		5	1	9	3
4		5		9	6	8	7	2

Puzzle 15

4	7	3	2	6	5	1	9	8
5		9	8	3	1	4	2	7
1	8	2	7		4	3	5	6
7	4	6	5	1	9	2	8	3
3	5	8	4	2	6	9	7	1
		1	3			5	6	4
8		4	6	5		7	1	9
		7	1			6		5
6	1	5	9			8		

Puzzle 16

6		9	4	7			1	
7		1	5			6		4
5			6		1		7	3
4		3	9	2	5	1	6	8
2	1	8		6	7	4	5	9
9	6		1	4	8	7	3	2
1			8	5	6	3	4	7
3	4	7	2		9	5		6
8	5	6	7	3	4			1

Puzzle 17

1		6	7	8	3	9		
7	3	2	5	4		1	6	8
8	9	5	1	6	2	3	7	4
		8	9	1		7	4	3
9	1	7	4	3	8	6	2	5
	5		2	7	6	8	9	1
5			8		4	2	3	
	8		6	2	7	5	1	9
		9	3	5	1	4	8	

Puzzle 18

2	3	8	1	5	9			4
7	9	5	6	2	4	3	1	8
	6	1	7					
8	1	2	9	7	6	5	4	3
9	4	6	5					1
3	5	7		4	1			
5	8	9	4	6	2	1	3	
1	7	3	8	9	5	4		
6	2	4	3	1	7	8		

Puzzle 19

7	9	8	4	1	5	2	3	
4	3	6		8	2	5	7	1
1	5	2	6	3		4	9	8
5	8	9	3	7	6	1		
6	1		5	2	9	3	8	
2		3			1	6	5	9
8			7		3	9		
9			2		8	7		3
3	2	7	1	9	4	8	6	5

Puzzle 20

8	5	6	9		7	1	3	2
3	7	9	2	1	5			
1		4	6	8	3	7		5
	4	1			2	6	8	
5	6	2		3		4	7	1
7	3	8		6	1	2	5	9
6		5	7	2	4	3	1	
	8	3	1	9	6	5		7
	1	7	3	5	8	9		

Puzzle 21

8	1		4	6	2		7	
7	5	4	3	9	8	6	1	2
6	2		7	5	1		4	
2	3	7			4		6	
	9	8	6	3	7	4	2	
4	6	1	9	2	5			8
9	4	6			3	2	5	7
3	8	2	5	7	6	1	9	4
1	7	5	2		9		8	6

Puzzle 22

2	5	3	9	6	7	8	4	1
4	9	1	8	3		6	7	2
7	6	8	2	1	4	5	9	3
6	3	9		5	8			7
8	1	4	6	7	2	3	5	
5	7	2		9			6	
9	8			4				
3	4			2	9		8	
1	2	5	7	8	6	9	3	4

Puzzle 23

6	4	1					9	
8	9	7	4	3	6	2	5	1
3	2	5	9		1		6	
7	1	4	2	6	3	9	8	5
9	5	3	8	1			2	6
2	8	6			9		1	
1	3	8	6			5	4	9
4	6	2	3	9		1	7	8
5	7	9	1			6	3	2

Puzzle 24

4	1	3	9	8	6	2	7	5
	6		7		4	3	9	1
			1		3	4	6	8
3		1	4	9		6	5	2
6	4	9	5	1	2	7	8	3
			3	6		1	4	9
1			6	4	9	5	3	7
5	3	4	8	7	1	9	2	6
		6	2	3	5	8	1	4

Puzzle 25

	1	2	8	5	7	3	6	
5	7	4	3	6	9	2	8	1
			2	1	4	7	9	5
7	4	8	9	3	1	6	5	2
2	5	9	4	7	6	1	3	8
1			5	2	8	4	7	9
					5	8		3
		1	6			5		7
4		5	7	8		9	1	6

Puzzle 26

7		4				8	9	3
8	1	2		9	7	5	4	6
9		3	8				1	2
5	2	7	9	1	8	6	3	4
6		8		5	3		7	1
3		1	7				8	5
4		6	5	3	9	1	2	8
1		9	6	8	2	4	5	7
2	8	5				3	6	9

Puzzle 27

5	6	2	1	4	9	8	3	7
9	1	7	3	8	5	4		
4	3	8	7	6	2	5	9	1
2	9	6	4			3	5	8
8	4	1	2	5	3			
7	5		8	9	6	2	1	4
	8		5	3				
	2	5	9		4		8	3
3	7	9	6	2	8	1	4	5

Puzzle 28

6	5	4		9	1	2	3	7
	7	8	2		5	6	1	
	9	1	7	3		8	4	5
9			6	5	4	1	8	3
8	6	5	3	1	7			2
1	4	3	9	8	2	5	7	6
4	3	9		6	8	7		1
7	1					9		
5	8				9	3	6	4

Puzzle 29

6	2	8	7	9	1	5	3	4
5			8			6	1	7
1	7	4	3	6	5	2	8	9
	5		1	7	6	4	2	8
2		6	4	5	8	7	9	
4	8	7	2	3	9	1	5	6
		2		1	4			5
7		1	5		3	9	6	2
		5		2	7		4	1

Puzzle 30

5	8	4	6	3	1	9	2	7
6	2	3	4	7	9	8	5	1
9	7	1	8	2	5		3	
		2	7	4				5
		7	3	5				
	6	5	1	9			7	
		9	2	8	7	5	6	3
7	5	8	9	6	3	1	4	2
2	3	6	5	1	4	7		

Puzzle 31

			5	2	8		3	7
8	5	7	3				6	
4	3	2	7	6		8	1	5
	1		6	8		7	2	4
7		5	2	1			9	3
6	2	4	9	3	7	5	8	1
5	4	3	8	9	6	1	7	2
			4	7	2	3	5	8
2	7	8	1		3	9	4	6

Puzzle 32

7	8	4	6	3	1	5	9	2
5	3	9	8	2	7	6	4	1
6	2	1	4	5		8	7	3
1		6	2	8	5	7	3	9
2	7		3	9		1		
3	9		7					
4	1	3		7	8	9		6
8	6	7	9	4	2	3		
		2	1	6	3	4	8	7

Puzzle 33

	9	7				1	2	8
2	1	4				5	3	6
8	6	5	1	3	2	4	9	7
9	5	8		2		6	1	3
6	4	3	9			8	7	
7	2	1	3	6	8	9	4	5
5	3	6	2			7	8	9
1	8	9	5	7	3	2	6	4
4	7	2				3	5	1

Puzzle 34

9		3	5	4	1	6	7	8
8	4		7		3	2	9	
6	7		2	9	8	4		
1	5	4	6		7	9		
2	8	9	1	3	4	5	6	
7	3	6			5	1	8	
4	6	7	8	5		3		
3	9	8		1		7	5	6
5	1	2	3	7	6	8	4	9

Puzzle 35

9	5		1		2			
1	6	8	9	3	4		7	
2	3	4	5	7	8	1	9	6
	8	9	3	1	6		5	
	2	6	8	9			1	
5	1	3		4	7	9	6	8
3	4	5	6	8	9	7	2	1
8	7		4	5	1	6	3	9
6	9	1	7	2	3			

Puzzle 36

8	2	5	1	4	3	9	7	6
6	9	1	7	8	2		5	
4	7	3	5	9	6	1	8	2
2	8		3	1	5	7	4	9
7	5	9	6	2	4	8	3	1
1	3					6	2	5
	4			6			1	
3	6	8		5	1		9	7
	1			3			6	

Puzzle 37

6	4	1	3	8	9	5	2	7
8	5	2	6	4	7	1		
9	3	7	5	1	2	6	8	
2	7	4		9	5	3	6	8
5	1	9	8	6	3	4	7	2
3	6	8	7	2	4	9	1	5
			9	7		2		
7	9		2			8	4	
1	2		4		8	7		

Puzzle 38

2	1	4	6	7	3	9	5	8
3	8	6		5		1		
9		5	2	8	1	4	6	
5	6	1	3	9	4	7	8	
7	2		8		5	3	1	4
8			1	2	7	6	9	5
4		2		1	6	8	3	9
6	9	7	5	3	8	2	4	1
1			9					6

Puzzle 39

	5	8	3	6	2	7		1
	3	7				2		
	2	1	7		4	5		
7	1		8		9	4	6	2
5	4		1	2	6	8	7	3
	6		4	7	3	9	1	5
3	9	6	2	4	5	1	8	7
	7	4	6			3	5	9
	8	5	9	3	7	6	2	4

Puzzle 40

9	3	2	1	4	7	5	8	6
5	8	7	2	6	3	4	1	9
		6	8	9	5	3	2	7
2	6	1	3	7	8	9	4	5
7	9			1	6	8	3	2
8		3		2		7	6	1
	2	8	9	5		6	7	
		9		3	2	1	5	8
				8		2	9	

Puzzle 41

	2	8	5	7	1	6	3	9
6	5	1			9	2	8	7
	7	9	8	6	2			1
1		3	6	5	7		2	8
8	6	2			4		7	5
7		5		2	8			6
2	8	4	7	1	6			3
9	3	6	2	8	5	7	1	4
5	1	7			3	8	6	2

Puzzle 42

	4	5	7	6	1	3	9	
1		9	4	3	5	7	6	
7	6	3	8	2	9		5	1
5	9	6	2			1	8	
		1	5	9		6	4	
4		7	6		8	5	2	9
	5	2	1	7	6	8	3	4
3	7	8	9	5	4	2		6
	1	4	3		2	9	7	5

Puzzle 43

7	8	9	3	2	1	5	4	6
	1	6	8	5	4		9	7
	4	5	6	7	9	1		8
1		2		6			8	4
4		7		8	2		6	
6	9	8		4				
8	7	3	2	1	6	4	5	9
5	2	1	4	9	8	6	7	3
9	6	4	7	3	5	8	1	2

Puzzle 44

4	7	2	6	5	3	8	9	1
5	1	3	8	9	2	4	6	7
6	9	8	4	7	1	3	5	2
1	5	4		2		6		
7	8	6		1	4	5		9
		9	5	8			7	
	6	7	1	3			4	5
9	4	1	2	6	5	7	8	3
		5		4			1	6

Puzzle 45

2	9		7	1	4	8	6	5
4	1	5	9	8	6	7	3	2
6	7	8	3	2	5	4	1	9
7	3	2	6	9	8	1	5	4
9		1	4	3		6	7	
8	6	4		7	1		9	3
	4		8	6			2	1
1	8		2	5			4	6
5			1				8	7

Puzzle 46

	4	5	8	2		9		3
9		8	6			1		
6	2	7	3		9	8	5	4
3	1	2	9	7	6	4	8	
7		4	5	3	1	6	9	2
5		9	2	4	8	3	7	
2	9	1	7	6	3	5	4	
4	7	6	1	8	5			9
	5	3		9	2	7	1	6

Puzzle 47

9	6	1	2	4	8			7
2		4		7	1	8	6	9
7	8	3	9	6		1	2	4
5	7	2	6	1	3	4		8
8	1	6		9	7			
3	4	9	5	8	2	6	7	1
4		7	1	5	9		8	6
1		8	7		6	9	4	5
6	9					7	1	

Puzzle 48

6	4	8	7	5	9	1	3	2
	2	1	6	3	4		7	8
			1	8	2		6	4
4			3	7	6	2	8	1
1	7	6	9	2	8	3	4	5
		2	5	4	1	6	9	7
	6		4	1			2	9
2	1	4	8	9	3	7	5	6
			2	6		4	1	3

Puzzle 49

9		7		4	3	1		5
5	3	6	2	1	8	9	7	4
		1	9	7	5	6		
8	4	5	1	9	7	3		2
3	6	9	8	2		5	1	7
1	7	2	3	5	6	8	4	9
6		3	4	8	2	7	9	1
2		8	7	3	9	4		6
7								

Puzzle 50

1	5	3	7	2	8	6	9	
6	8	9	1	5	4	2	7	3
				9		5	8	1
9		5				8	1	
2	1		9	8	5	4	3	
		8			1	9	5	
5	9	1	4	6	7	3	2	8
3			8	1	9	7	4	5
8	7	4	5	3	2	1	6	9

Puzzle 51

4	8	5	1	3	2	9	6	7
1	9		7	5	6	8	3	4
3		7	4		9			2
5		6	2	9	3			8
2	3	8	6		7		9	5
7		9	8		5	6	2	3
8		4	3	6	1	2		
6		3		2	4		8	1
9	2	1	5	7	8	3	4	6

Puzzle 52

7	9	1	8	5	3	2	6	
		6		1	9	8		
3	8	4	6	7	2	1	9	5
9		7	1	8	4	6		2
4				2	9		7	1
1		2	7	3		9	4	8
8	1		3	6	7	4		9
2		3	9	4	8	5	1	6
6	4		5	2	1	3	8	7

Puzzle 53

2	9		4		7		6	8
			2		6			9
6		5	3	9	8	1		2
5			7	8	2	6	9	4
			1	6		2	5	3
		6	2	5	3		8	1	7
3	8	9	6	7	5	4	2	1
7	5	4	8	2	1	9	3	6
1	2	6	9	4	3	7	8	5

Puzzle 54

9	1	7	4	2	3	6	5	8
3	4	8	6	9		1	7	2
5		6	7	8	1	4	9	3
1	8	3	2	7	6	9	4	5
	7		5	4	9	8	3	
4	9		3		8	7	2	
2			1	3	7	5	8	4
	5	4	9	6	2	3	1	7
			8			2	6	

Puzzle 55

6	9		5	8	7	4	2	3
				9	2	1	8	5	6
2	8	5			4	6		9	7
5	3	7	2		8	6	1	
1	6	8	7	5	4	9	3	2
	2	9	1	6		5	7	8
9	5			7	2	3	8	1
8	1	2		3	9	7		5
			8		5			

Puzzle 56

5		7	1				3	9
				9			5	7
	2	9	7	5		6	8	1
		2	5	9	7	1	4	6
6	7	4	2	3	1	8	9	5
1	9	5	4	8	6	3	7	2
9				7	2	5	6	4
2	5			4	9	7	1	
7	4	8	6	1	5	9	2	3

Puzzle 57

1	9	4		5			2	7
8	3	2	6		7	1	9	
	5	6	2	9	1	3	4	
	6	5	8	3	4	2		1
3			1		6	9	5	4
2		1	9	7	5	8	3	
6	7	3	4	8	2	5	1	9
	2		5	1	9	7	6	3
5	1			6	3	4	8	2

Puzzle 58

3		8	4	6		9	5	
9	5		1	8		4	6	3
4	1	6	3	5	9	2	7	8
1		5	8		3	6		7
6					5	8		4
8		9	6		1	3	2	5
7	8	1	2	3	6	5	4	
	9	3	5	1		7	8	6
5	6	4	7	9	8	1	3	2

Puzzle 59

5		7	3	9	6		1	4
1	4	6	8		7	9	3	
9	8	3	4	2	1	6	7	5
	7	4		1				9
	1	5	9	3	2	7	4	
	9	8		7	4	2		1
7	5	2		8	3	4	9	6
4	3	9	2		5	1		
8	6	1	7		9	5		3

Puzzle 60

1	3	8	5	2	9	7	6	4
		7	4	3	6		1	8
		2	1	7	8	9	3	5
7		4		1	3	5	2	6
		1		6	7	3	4	9
		3		5	4	8	7	1
8	7	6	3	4		1	9	2
		9	7	8		6	5	3
3	1	5	6		2	4	8	7

Puzzle 61

	1	9	3	6		5	7	4
	7		1	8		6	9	2
4	2	6	9	7	5	8	1	3
2		8		3	1	7	5	
6	3	7		5	9		8	1
	9	1	8		7	4	3	6
9	5		7	4	3	1	6	8
7		3		1				5
		6	4	5	9	8	3	2	7

Puzzle 62

3	6	4				2	9	7
1			9	7		4	6	
7	5	9		2	4	8	3	
	4		8	1	5	9	7	6
		8	3	6			4	2
6			2	4		5	8	3
9	2	7	5	8	6		1	4
8	1		4		2	7	5	9
4	3	5	7	9	1	6	2	8

Puzzle 63

6	7	1	5	2	3	9	8	4
8	9	3	4	7	1	5	6	
4	5	2	6	8	9	1	3	7
5	2	6	9	4	8	3	7	1
7	3	9	2	1	6	4	5	8
1	8	4	7	3	5	2	9	6
3	6	7	1	9		8		5

Puzzle 64

5	4	3		8		2	6	7
2	6	9	7	4	5	3	8	1
8	7	1	2	6	3	9		4
9	3	7	5	1	2	8	4	6
1	8		3	9		7	2	5
	2	5		7		1	9	
3	9	8		5	7		1	2
7	5			2			3	9
	1	2		3		5	7	8

Puzzle 65

7	5	4	3	8	6	1		2
6	1	2	4	7	9	5	3	8
9		3	5			4	7	6
1	3	7	2	4	8	9	6	5
2		6	7		1	3	8	4
	4	5	9	6	3	7	2	1
3		8	1		4	6	5	
4		9			5		1	
5		1			7		4	

Puzzle 66

	7	5	9		3	8	2	4
2	1	3	4	6	8		9	7
9	8		7	5	2	1	6	3
7	5	2	1	4	9	3	8	6
4	3	1	5	8		9	7	2
8			3	2	7	4	1	5
3				7	4	2	5	
5	2			3	1	7	4	9
	4		2	9		6		8

Puzzle 67

8	3		7		6	2	5	4
7	2	6	4	5	8	3	9	1
5	4			2	3		6	8	7
6	7	2	5	4	3	8		9
1	9	5	8	7	2	4		
	8				6		5	7	2
	1		6	8	7	9	2	5
9	6	7	3	2		1	4	8
2	5	8			4	7		

Puzzle 68

	6	1	4	5	7	2		3
8	2	4	3	1	6	9		7
	7	5	8			4	1	6
		9				3	4	8
	3	6	1	8	4	5	7	9
	4	8			3	1		2
4	9	2			1	8	3	5
6	5	3	2		8	7	9	1
1	8	7		3		6	2	4

Puzzle 69

5	2	9	4		8		7	
1	8	6		2	7	5	4	9
4	3	7	1	5	9	2	6	8
			5	7	2			6
	7		8	1	3	4	9	
3		2	6	9	4	8	5	7
2	9	1	7	3	5		8	
		3	9	4	1	7	2	5
7	5	4	2	8	6	9		

Puzzle 70

6	4		7			3		1
8	5		1	3	6			7
	3	1	4					
2	9	3	5	4	7	1	6	8
5		7	6	1	3	9	4	2
1	6	4	9			7	3	5
4	2	5	3	6	1	8	7	9
3	7	8	2	9	5	6	1	4
9	1	6	8	7	4			3

Puzzle 71

7	3	5	8	6		1	9	4
	1	2	4	5	9	7	3	8
8	4	9	3	7	1	2	5	6
2	5	8	1	9	7	6	4	3
4	6	1	5	2	3	8	7	9
9	7	3	6			5	1	2
5	2	7	9	3	6	4	8	1
		6	7				2	
								7

Puzzle 72

1	9	5	3	7	4	8	6	2
6	7	3	1	2	8	5	4	9
8	4	2	9	5	6	1	3	7
2	3	8	6	9	7	4	5	1
5	1	4	2	8	3	9	7	6
	6		4	1	5	3	2	8
			7	4		6	8	
	8		5	6		2		
		6	8	3		7		

Puzzle 73

2	3	6	4	1		9	5	8
7	1	5		2		4	3	6
4	9	8	5	6	3	1	2	7
	5	1	3		4	6	7	2
6			2		1	3	8	9
	2	3	6	7		5	1	4
		2	1		6	7	9	5
	6	9	7	3	2		4	1
1					5	2		3

Puzzle 74

6	4	2	3	7	8	1		5
		9	5	2	6	7	3	4
3	5	7	4	1	9	8	2	6
5		6	9	3		4		2
		3	6	5	4	9		1
4	9	1		8		6	5	3
		8		4	3	5		9
	6	5		9				8
9	3	4	8	6	5	2	1	7

Puzzle 75

2	6	3	7	4	9	1		8
1	4	5	3	8	2	7	6	9
8	7	9	6	1	5	2	4	
6	3	8	9	7	1	5	2	
4		7	5	2	6		8	1
5	1	2	8	3	4		7	6
7				9		3		
9		4	2		3		1	7
3					7	9		

Puzzle 76

7	4	6				5		1
1		8	6			7		4
9		5	1	4	7	8		6
8	7	1	4			9	5	
3	9	2	5		1	4	6	7
5	6	4	7			1	8	
4	5	3	8	7	2	6	1	9
6	8	9	3	1	4		7	5
2	1	7	9			3	4	8

Puzzle 77

3	7	4	9	1	8	5	2	6
2	9	8		6	4	3	7	1
5	6	1	3	2	7		9	4
1	8	7	2	4	5	6	3	9
7	4	6	1	5	9	2	8	3
9	3	5	6	8	2	1	4	7
8		2	4	7	3	9	6	5

Puzzle 78

8	7	4	6	3	2	1	9	5
1	6	5	7	9	8	3	4	2
	2		4	5	1	6	7	8
2	5		8	1			3	4
	4			2	5	8	1	
		1		4		5	2	
5	9	7	1	8	4	2	6	3
	3	8	2	7	9	4	5	1
4	1	2	5	6	3		8	

Puzzle 79

4	9	2	5	8	1		3	6
6				3	2	8	5	
5	3	8	6	7		4	1	2
2	5	9	1	6	4	3		8
1		3	8	5	7			4
7	8	4	2		3	5	6	1
8	2	6	7	1	5		4	3
3	4	5	9		6	1		7
					8	6	2	5

Puzzle 80

1	6	5	8	3	2	7	4	9
4	2	3	7	6	9	5		
7	8	9	4	1		2	3	6
	1	6	9		4	3		
	9	4	5		3			
5	3	7	1	2	6	8	9	4
3	7	8	6	4	1			
6	5	1	2	9	8	4	7	3
9		2	3	5	7			

Puzzle 81

8	3	7	2	9	6	5		4
6		4			1	9	8	7
1	9	5	4		7	2	6	3
	1	9	8	3	5	7	2	6
7	8	3	6		4	1	5	
2	5	6		1		4		8
		2	1	4			7	5
	7	1		6	8	3	4	2
	4			7	2		9	1

Puzzle 82

6		8	5			2	9	3
		3			4	8	7	5
7	9	5		2		6		1
3	6			4	7	1	5	9
	5	7			3	4	8	
4			2		5	3	6	7
5	7	6	4	3	2	9	1	8
8	2	4	1	5	9	7	3	6
	3		7	8	6	5	2	4

Puzzle 83

	8	7	6	5	1	4	3	9
3	6	1	4		8	2	7	5
	5		2	3	7	1	8	6
	2	6	3		4	9		8
	1		8	2	6	3		
	3	8	5		9	6	2	
8	7	2		6	3	5		
1	9	3	7	4	5	8	6	2
6	4	5	1	8	2	7	9	3

Puzzle 84

7			4	3	1	5	6	
	8	6	9	2	7	3	1	4
4	1	3			6	2	9	7
			7			6	5	
	6					9	7	
3		5	1	6	9	8	4	2
6	5	7		1		4	3	9
9	3	8	6	7	4	1	2	5
2	4	1	3	9	5	7	8	6

Puzzle 85

7		8		9	3	4	2	5
6	4		7	2	5	1	9	8
	9	5	1	4		7		
5	8	9	2	6	7		1	
3	6		4	5		9	8	2
4	2	1	8		9	6		
9	3	4	5	8		2	7	1
	7	2	9		4	5		
1	5	6	3	7	2	8	4	9

Puzzle 86

3	5	8	7	2	1	6	9	4
7	9	1	4	6	3			2
4	2	6	5	8	9	3	1	7
1	7	9	6	3	5	2	4	8
2	3	4	1	9	8	7	6	5
8	6	5		7		9	3	1
5	8	7	3	1	6	4	2	9
	4			5		1		
	1			4				

Puzzle 87

	3	9					5	2
5	4	8	3	6	2		7	9
6	1	2		7	9	4	3	8
9	5	3		8		2	6	7
1	6	4	7	2	5	8	9	3
8		7	6	9	3	5	1	4
	8	5			7	9		6
2	7	6	9	5	8	3	4	1
		1	2		6	7	8	5

Puzzle 88

5	8	1	6		4	2	7	
4		3		1	2	8	5	6
		2			8		1	4
8	5	7	4	6			2	1
9	3	4	1	2	5	7	6	8
1	2	6	8	7		5		
2	1	9	3	4	7	6	8	5
	4	8				1		2
	6	5	2	8	1	4	9	7

Puzzle 89

	6		3	7		9	2	
		8	9	6	2			
2	7	9	1	4	5	3	6	8
6	1			2	9			3
3			6	5	4	1	7	9
	9			3	1	2		6
8	2	3	5	9	7	6	1	4
9	4	1	2	8	6		3	
7	5	6	4	1	3	8	9	2

Puzzle 90

	5				6	7	9	4
7	4	6	9	3	5	2	8	1
	9			4	7	3	6	5
5	1	9	4	6	3	8	2	7
	2	4	7	9		5		6
6	7			5	2	4		9
	3	5	6		9	1		8
4	6	7				9	5	2
9	8	1	5	2	4	6	7	3

Puzzle 91

7	5	8	1	9				
6	3	4	7	2	8	9	5	1
9	2	1	5	6				
1	8	2	9	5	6	3	4	7
3	7	9	8	4	1	2	6	5
5	4	6	3	7	2	1	8	9
4	9			8	5		1	
	6		4	1	9	5		
		5		3	7		9	4

Puzzle 92

8	4	9	6	3	1		2	
2				7	4	8	9	6
		7	8	9		3	4	
7	9	1	4	5	6	2	8	3
5	6		3	8	9	1	7	4
3	8		1	2		6	5	9
1	2	6		4	8		3	
9	3	8	7	6	5	4		2
4	7			1	3	9	6	8

Puzzle 93

7	5	8	3	2	9	6		1
	3		1	5	6	8	9	7
6	9	1	4	7	8	5	3	2
1					7	3		5
		9			3	7	1	4
	7	3			1	9		
8	4	5	6		2	1	7	
9	1		8	3	4	2	5	6
3	2	6	7	1	5	4	8	9

Puzzle 94

4	9	8	3	7	5	2	1	6
1	7		8	2	9	4	5	3
2	5	3	1	6	4	8	7	9
			6		7	5		2
5			2			6	9	7
7	6	2		5		1		4
6		5	7	9	1	3	2	
	2		5	8	6		4	1
8	1	9	4	3	2	7	6	5

Puzzle 95

4	8	9	7	3	1	5		
2	6	7	9	4	5	8		3
5	1	3	8	2	6	7	4	9
	9		4	5				
	5		1	6		4	9	
	4	6	2	9			8	5
8	7	5	6	1	9	2	3	4
6	3	4	5	8	2	9	7	1
9	2	1	3					8

Puzzle 96

2	9		8	7	6		1	3
4	8	1	3	9	5	6	2	7
6	7	3	2	1		5		
		4	6	2	7	1		
8	1	6	5	3	9	2	7	4
7		9	4	8	1	3	5	6
		8	9	6	2	7		
9		2	7	5	3	8		1
		7	1	4	8	9	6	2

Puzzle 97

			8	9		7		
8		7		6		9		
9				7		8		
5	3	9	1	8	7	2	6	4
1	8	6	9	4	2	3	5	7
	7		3	5	6	1	9	8
6			7	2	9	5	8	3
3	9	8	4	1	5	6	7	2
7	2	5	6	3	8	4	1	9

Puzzle 98

		5		2	1	7	4	9
	4	3		9	7		5	
7	2	9		5			1	3
3		8	1	4			2	7
	5	2	7	3		1	8	4
4	7	1	2	8	5	9	3	6
5	3	7	9	1	2	4	6	8
		4	5	6	3	2	7	1
2	1	6		7		3	9	5

Puzzle 99

3	1		9	5	8	6		
5		7		6	2	4	8	
8	2		3	7		9	1	5
	8	1	5	3		2	9	4
7	5	2	4			8	3	6
9		3	8		6		5	1
1	7	9		4			6	8
2		8	6			5	4	7
4	6	5	7	8	3	1	2	9

Puzzle 100

6	7	2	3	5	9	1	8	4
	1	9	6	4	8		7	
4	5	8	7		2	6	9	3
1	2	3	9	6	5	8	4	7
9	6	5	4	8		3		
8		7	2	3	1	9	5	6
	3	4	8	9	6			
		6	1		4		3	
	9		5		3	4	6	8

Solutions

Puzzle 1

9	3	8	5	4	2	7	1	6
7	4	2	1	9	6	5	8	3
1	6	5	8	7	3	4	9	2
3	1	4	7	8	5	2	6	9
2	9	7	4	6	1	8	3	5
5	8	6	2	3	9	1	4	7
8	7	3	9	5	4	6	2	1
6	5	1	3	2	8	9	7	4
4	2	9	6	1	7	3	5	8

Puzzle 2

9	2	5	1	4	3	6	7	8
1	3	6	7	9	8	5	4	2
4	8	7	2	6	5	3	9	1
5	6	1	8	2	7	4	3	9
7	4	2	3	5	9	1	8	6
3	9	8	6	1	4	7	2	5
2	7	3	5	8	6	9	1	4
8	5	9	4	3	1	2	6	7
6	1	4	9	7	2	8	5	3

Puzzle 3

4	3	8	9	7	6	1	5	2
7	1	6	5	8	2	9	4	3
5	2	9	1	3	4	6	7	8
9	8	2	3	4	1	7	6	5
3	6	7	2	9	5	4	8	1
1	4	5	7	6	8	3	2	9
6	9	3	8	5	7	2	1	4
8	7	1	4	2	3	5	9	6
2	5	4	6	1	9	8	3	7

Puzzle 4

8	6	9	7	3	5	1	2	4
1	4	7	8	2	9	3	6	5
2	5	3	4	1	6	7	9	8
7	1	5	2	4	8	6	3	9
9	3	8	6	5	1	4	7	2
6	2	4	3	9	7	5	8	1
4	8	6	1	7	2	9	5	3
3	9	2	5	6	4	8	1	7
5	7	1	9	8	3	2	4	6

Puzzle 5

3	8	5	9	1	7	6	2	4
2	1	4	3	8	6	7	5	9
7	6	9	5	4	2	1	8	3
9	2	8	4	7	5	3	1	6
5	7	6	2	3	1	4	9	8
1	4	3	6	9	8	5	7	2
8	3	2	1	5	4	9	6	7
6	9	1	7	2	3	8	4	5
4	5	7	8	6	9	2	3	1

Puzzle 6

7	6	4	2	3	5	1	9	8
8	5	3	9	1	6	7	4	2
1	2	9	4	7	8	5	6	3
5	1	8	6	4	3	2	7	9
3	4	7	8	2	9	6	1	5
2	9	6	7	5	1	8	3	4
9	7	5	3	6	2	4	8	1
6	8	1	5	9	4	3	2	7
4	3	2	1	8	7	9	5	6

Puzzle 7

7	9	1	4	5	8	3	2	6
3	4	5	2	6	9	1	7	8
8	6	2	7	3	1	4	9	5
9	5	8	6	1	7	2	3	4
1	7	4	3	8	2	5	6	9
2	3	6	5	9	4	7	8	1
6	2	7	9	4	5	8	1	3
4	8	3	1	7	6	9	5	2
5	1	9	8	2	3	6	4	7

Puzzle 8

8	1	6	7	2	3	5	9	4
4	7	2	8	5	9	6	1	3
9	3	5	4	6	1	7	8	2
7	6	4	1	9	8	2	3	5
5	9	1	2	3	4	8	6	7
2	8	3	5	7	6	9	4	1
6	4	7	3	8	5	1	2	9
3	2	8	9	1	7	4	5	6
1	5	9	6	4	2	3	7	8

Puzzle 9

4	8	6	3	9	2	7	1	5
3	7	1	5	8	4	2	9	6
9	2	5	1	7	6	3	8	4
1	6	9	4	2	7	8	5	3
8	5	2	6	3	1	9	4	7
7	3	4	9	5	8	1	6	2
6	4	7	8	1	3	5	2	9
2	9	8	7	4	5	6	3	1
5	1	3	2	6	9	4	7	8

Puzzle 10

5	6	2	9	1	7	4	3	8
7	3	8	4	5	6	1	2	9
9	4	1	3	2	8	6	7	5
8	5	6	1	7	9	3	4	2
4	1	9	2	8	3	7	5	6
2	7	3	5	6	4	8	9	1
3	8	4	6	9	2	5	1	7
1	2	7	8	3	5	9	6	4
6	9	5	7	4	1	2	8	3

Puzzle 11

4	1	6	7	8	9	3	5	2
2	7	5	6	3	1	4	9	8
9	3	8	4	2	5	1	7	6
7	5	4	1	6	2	8	3	9
6	9	1	8	5	3	7	2	4
8	2	3	9	4	7	6	1	5
5	8	7	3	9	4	2	6	1
3	6	2	5	1	8	9	4	7
1	4	9	2	7	6	5	8	3

Puzzle 12

3	5	4	6	8	7	1	2	9
2	6	7	9	5	1	8	4	3
1	9	8	3	4	2	6	7	5
8	7	6	5	2	4	9	3	1
5	4	1	8	9	3	7	6	2
9	2	3	1	7	6	5	8	4
7	8	2	4	1	9	3	5	6
6	1	5	2	3	8	4	9	7
4	3	9	7	6	5	2	1	8

Puzzle 13

8	7	4	5	1	9	2	3	6
2	1	9	8	3	6	7	4	5
5	6	3	4	7	2	1	8	9
3	8	5	2	9	7	6	1	4
4	2	6	3	5	1	8	9	7
7	9	1	6	8	4	5	2	3
6	3	8	1	4	5	9	7	2
9	4	2	7	6	8	3	5	1
1	5	7	9	2	3	4	6	8

Puzzle 14

2	7	3	8	5	1	6	4	9
5	4	6	9	3	7	2	8	1
1	8	9	2	6	4	5	3	7
3	2	8	5	1	9	7	6	4
6	5	1	4	7	3	9	2	8
7	9	4	6	2	8	3	1	5
9	1	7	3	8	2	4	5	6
8	6	2	7	4	5	1	9	3
4	3	5	1	9	6	8	7	2

Puzzle 15

4	7	3	2	6	5	1	9	8
5	6	9	8	3	1	4	2	7
1	8	2	7	9	4	3	5	6
7	4	6	5	1	9	2	8	3
3	5	8	4	2	6	9	7	1
2	9	1	3	7	8	5	6	4
8	2	4	6	5	3	7	1	9
9	3	7	1	8	2	6	4	5
6	1	5	9	4	7	8	3	2

Puzzle 16

6	3	9	4	7	2	8	1	5
7	2	1	5	8	3	6	9	4
5	8	4	6	9	1	2	7	3
4	7	3	9	2	5	1	6	8
2	1	8	3	6	7	4	5	9
9	6	5	1	4	8	7	3	2
1	9	2	8	5	6	3	4	7
3	4	7	2	1	9	5	8	6
8	5	6	7	3	4	9	2	1

Puzzle 17

1	4	6	7	8	3	9	5	2
7	3	2	5	4	9	1	6	8
8	9	5	1	6	2	3	7	4
2	6	8	9	1	5	7	4	3
9	1	7	4	3	8	6	2	5
3	5	4	2	7	6	8	9	1
5	7	1	8	9	4	2	3	6
4	8	3	6	2	7	5	1	9
6	2	9	3	5	1	4	8	7

Puzzle 18

2	3	8	1	5	9	6	7	4
7	9	5	6	2	4	3	1	8
4	6	1	7	3	8	2	5	9
8	1	2	9	7	6	5	4	3
9	4	6	5	8	3	7	2	1
3	5	7	2	4	1	9	8	6
5	8	9	4	6	2	1	3	7
1	7	3	8	9	5	4	6	2
6	2	4	3	1	7	8	9	5

Puzzle 19

7	9	8	4	1	5	2	3	6
4	3	6	9	8	2	5	7	1
1	5	2	6	3	7	4	9	8
5	8	9	3	7	6	1	2	4
6	1	4	5	2	9	3	8	7
2	7	3	8	4	1	6	5	9
8	4	5	7	6	3	9	1	2
9	6	1	2	5	8	7	4	3
3	2	7	1	9	4	8	6	5

Puzzle 20

8	5	6	9	4	7	1	3	2
3	7	9	2	1	5	8	4	6
1	2	4	6	8	3	7	9	5
9	4	1	5	7	2	6	8	3
5	6	2	8	3	9	4	7	1
7	3	8	4	6	1	2	5	9
6	9	5	7	2	4	3	1	8
4	8	3	1	9	6	5	2	7
2	1	7	3	5	8	9	6	4

Puzzle 21

8	1	3	4	6	2	5	7	9
7	5	4	3	9	8	6	1	2
6	2	9	7	5	1	8	4	3
2	3	7	1	8	4	9	6	5
5	9	8	6	3	7	4	2	1
4	6	1	9	2	5	7	3	8
9	4	6	8	1	3	2	5	7
3	8	2	5	7	6	1	9	4
1	7	5	2	4	9	3	8	6

Puzzle 22

2	5	3	9	6	7	8	4	1
4	9	1	8	3	5	6	7	2
7	6	8	2	1	4	5	9	3
6	3	9	4	5	8	1	2	7
8	1	4	6	7	2	3	5	9
5	7	2	3	9	1	4	6	8
9	8	7	5	4	3	2	1	6
3	4	6	1	2	9	7	8	5
1	2	5	7	8	6	9	3	4

Puzzle 23

6	4	1	5	7	2	8	9	3
8	9	7	4	3	6	2	5	1
3	2	5	9	8	1	4	6	7
7	1	4	2	6	3	9	8	5
9	5	3	8	1	4	7	2	6
2	8	6	7	5	9	3	1	4
1	3	8	6	2	7	5	4	9
4	6	2	3	9	5	1	7	8
5	7	9	1	4	8	6	3	2

Puzzle 24

4	1	3	9	8	6	2	7	5
2	6	8	7	5	4	3	9	1
9	5	7	1	2	3	4	6	8
3	7	1	4	9	8	6	5	2
6	4	9	5	1	2	7	8	3
8	2	5	3	6	7	1	4	9
1	8	2	6	4	9	5	3	7
5	3	4	8	7	1	9	2	6
7	9	6	2	3	5	8	1	4

Puzzle 25

9	1	2	8	5	7	3	6	4
5	7	4	3	6	9	2	8	1
3	8	6	2	1	4	7	9	5
7	4	8	9	3	1	6	5	2
2	5	9	4	7	6	1	3	8
1	6	3	5	2	8	4	7	9
6	2	7	1	9	5	8	4	3
8	9	1	6	4	3	5	2	7
4	3	5	7	8	2	9	1	6

Puzzle 26

7	5	4	1	2	6	8	9	3
8	1	2	3	9	7	5	4	6
9	6	3	8	4	5	7	1	2
5	2	7	9	1	8	6	3	4
6	4	8	2	5	3	9	7	1
3	9	1	7	6	4	2	8	5
4	7	6	5	3	9	1	2	8
1	3	9	6	8	2	4	5	7
2	8	5	4	7	1	3	6	9

Puzzle 27

5	6	2	1	4	9	8	3	7
9	1	7	3	8	5	4	2	6
4	3	8	7	6	2	5	9	1
2	9	6	4	1	7	3	5	8
8	4	1	2	5	3	7	6	9
7	5	3	8	9	6	2	1	4
6	8	4	5	3	1	9	7	2
1	2	5	9	7	4	6	8	3
3	7	9	6	2	8	1	4	5

Puzzle 28

6	5	4	8	9	1	2	3	7
3	7	8	2	4	5	6	1	9
2	9	1	7	3	6	8	4	5
9	2	7	6	5	4	1	8	3
8	6	5	3	1	7	4	9	2
1	4	3	9	8	2	5	7	6
4	3	9	5	6	8	7	2	1
7	1	6	4	2	3	9	5	8
5	8	2	1	7	9	3	6	4

Puzzle 29

6	2	8	7	9	1	5	3	4
5	3	9	8	4	2	6	1	7
1	7	4	3	6	5	2	8	9
9	5	3	1	7	6	4	2	8
2	1	6	4	5	8	7	9	3
4	8	7	2	3	9	1	5	6
3	6	2	9	1	4	8	7	5
7	4	1	5	8	3	9	6	2
8	9	5	6	2	7	3	4	1

Puzzle 30

5	8	4	6	3	1	9	2	7
6	2	3	4	7	9	8	5	1
9	7	1	8	2	5	4	3	6
3	1	2	7	4	8	6	9	5
4	9	7	3	5	6	2	1	8
8	6	5	1	9	2	3	7	4
1	4	9	2	8	7	5	6	3
7	5	8	9	6	3	1	4	2
2	3	6	5	1	4	7	8	9

Puzzle 31

1	9	6	5	2	8	4	3	7
8	5	7	3	4	1	2	6	9
4	3	2	7	6	9	8	1	5
3	1	9	6	8	5	7	2	4
7	8	5	2	1	4	6	9	3
6	2	4	9	3	7	5	8	1
5	4	3	8	9	6	1	7	2
9	6	1	4	7	2	3	5	8
2	7	8	1	5	3	9	4	6

Puzzle 32

7	8	4	6	3	1	5	9	2
5	3	9	8	2	7	6	4	1
6	2	1	4	5	9	8	7	3
1	4	6	2	8	5	7	3	9
2	7	5	3	9	4	1	6	8
3	9	8	7	1	6	2	5	4
4	1	3	5	7	8	9	2	6
8	6	7	9	4	2	3	1	5
9	5	2	1	6	3	4	8	7

Puzzle 33

3	9	7	4	5	6	1	2	8
2	1	4	8	9	7	5	3	6
8	6	5	1	3	2	4	9	7
9	5	8	7	2	4	6	1	3
6	4	3	9	1	5	8	7	2
7	2	1	3	6	8	9	4	5
5	3	6	2	4	1	7	8	9
1	8	9	5	7	3	2	6	4
4	7	2	6	8	9	3	5	1

Puzzle 34

9	2	3	5	4	1	6	7	8
8	4	1	7	6	3	2	9	5
6	7	5	2	9	8	4	1	3
1	5	4	6	8	7	9	3	2
2	8	9	1	3	4	5	6	7
7	3	6	9	2	5	1	8	4
4	6	7	8	5	9	3	2	1
3	9	8	4	1	2	7	5	6
5	1	2	3	7	6	8	4	9

Puzzle 35

9	5	7	1	6	2	8	4	3
1	6	8	9	3	4	2	7	5
2	3	4	5	7	8	1	9	6
7	8	9	3	1	6	4	5	2
4	2	6	8	9	5	3	1	7
5	1	3	2	4	7	9	6	8
3	4	5	6	8	9	7	2	1
8	7	2	4	5	1	6	3	9
6	9	1	7	2	3	5	8	4

Puzzle 36

8	2	5	1	4	3	9	7	6
6	9	1	7	8	2	3	5	4
4	7	3	5	9	6	1	8	2
2	8	6	3	1	5	7	4	9
7	5	9	6	2	4	8	3	1
1	3	4	8	7	9	6	2	5
5	4	7	9	6	8	2	1	3
3	6	8	2	5	1	4	9	7
9	1	2	4	3	7	5	6	8

Puzzle 37

6	4	1	3	8	9	5	2	7
8	5	2	6	4	7	1	3	9
9	3	7	5	1	2	6	8	4
2	7	4	1	9	5	3	6	8
5	1	9	8	6	3	4	7	2
3	6	8	7	2	4	9	1	5
4	8	3	9	7	1	2	5	6
7	9	5	2	3	6	8	4	1
1	2	6	4	5	8	7	9	3

Puzzle 38

2	1	4	6	7	3	9	5	8
3	8	6	4	5	9	1	2	7
9	7	5	2	8	1	4	6	3
5	6	1	3	9	4	7	8	2
7	2	9	8	6	5	3	1	4
8	4	3	1	2	7	6	9	5
4	5	2	7	1	6	8	3	9
6	9	7	5	3	8	2	4	1
1	3	8	9	4	2	5	7	6

Puzzle 39

4	5	8	3	6	2	7	9	1
6	3	7	5	9	1	2	4	8
9	2	1	7	8	4	5	3	6
7	1	3	8	5	9	4	6	2
5	4	9	1	2	6	8	7	3
8	6	2	4	7	3	9	1	5
3	9	6	2	4	5	1	8	7
2	7	4	6	1	8	3	5	9
1	8	5	9	3	7	6	2	4

Puzzle 40

9	3	2	1	4	7	5	8	6
5	8	7	2	6	3	4	1	9
1	4	6	8	9	5	3	2	7
2	6	1	3	7	8	9	4	5
7	9	4	5	1	6	8	3	2
8	5	3	4	2	9	7	6	1
3	2	8	9	5	1	6	7	4
4	7	9	6	3	2	1	5	8
6	1	5	7	8	4	2	9	3

Puzzle 41

4	2	8	5	7	1	6	3	9
6	5	1	3	4	9	2	8	7
3	7	9	8	6	2	4	5	1
1	4	3	6	5	7	9	2	8
8	6	2	9	3	4	1	7	5
7	9	5	1	2	8	3	4	6
2	8	4	7	1	6	5	9	3
9	3	6	2	8	5	7	1	4
5	1	7	4	9	3	8	6	2

Puzzle 42

2	4	5	7	6	1	3	9	8
1	8	9	4	3	5	7	6	2
7	6	3	8	2	9	4	5	1
5	9	6	2	4	3	1	8	7
8	2	1	5	9	7	6	4	3
4	3	7	6	1	8	5	2	9
9	5	2	1	7	6	8	3	4
3	7	8	9	5	4	2	1	6
6	1	4	3	8	2	9	7	5

Puzzle 43

7	8	9	3	2	1	5	4	6
2	1	6	8	5	4	3	9	7
3	4	5	6	7	9	1	2	8
1	5	2	9	6	3	7	8	4
4	3	7	1	8	2	9	6	5
6	9	8	5	4	7	2	3	1
8	7	3	2	1	6	4	5	9
5	2	1	4	9	8	6	7	3
9	6	4	7	3	5	8	1	2

Puzzle 44

4	7	2	6	5	3	8	9	1
5	1	3	8	9	2	4	6	7
6	9	8	4	7	1	3	5	2
1	5	4	7	2	9	6	3	8
7	8	6	3	1	4	5	2	9
3	2	9	5	8	6	1	7	4
2	6	7	1	3	8	9	4	5
9	4	1	2	6	5	7	8	3
8	3	5	9	4	7	2	1	6

Puzzle 45

2	9	3	7	1	4	8	6	5
4	1	5	9	8	6	7	3	2
6	7	8	3	2	5	4	1	9
7	3	2	6	9	8	1	5	4
9	5	1	4	3	2	6	7	8
8	6	4	5	7	1	2	9	3
3	4	7	8	6	9	5	2	1
1	8	9	2	5	7	3	4	6
5	2	6	1	4	3	9	8	7

Puzzle 46

1	4	5	8	2	7	9	6	3
9	3	8	6	5	4	1	2	7
6	2	7	3	1	9	8	5	4
3	1	2	9	7	6	4	8	5
7	8	4	5	3	1	6	9	2
5	6	9	2	4	8	3	7	1
2	9	1	7	6	3	5	4	8
4	7	6	1	8	5	2	3	9
8	5	3	4	9	2	7	1	6

Puzzle 47

9	6	1	2	4	8	3	5	7
2	5	4	3	7	1	8	6	9
7	8	3	9	6	5	1	2	4
5	7	2	6	1	3	4	9	8
8	1	6	4	9	7	5	3	2
3	4	9	5	8	2	6	7	1
4	3	7	1	5	9	2	8	6
1	2	8	7	3	6	9	4	5
6	9	5	8	2	4	7	1	3

Puzzle 48

6	4	8	7	5	9	1	3	2
5	2	1	6	3	4	9	7	8
9	3	7	1	8	2	5	6	4
4	5	9	3	7	6	2	8	1
1	7	6	9	2	8	3	4	5
3	8	2	5	4	1	6	9	7
7	6	3	4	1	5	8	2	9
2	1	4	8	9	3	7	5	6
8	9	5	2	6	7	4	1	3

Puzzle 49

9	2	7	6	4	3	1	8	5
5	3	6	2	1	8	9	7	4
4	8	1	9	7	5	6	2	3
8	4	5	1	9	7	3	6	2
3	6	9	8	2	4	5	1	7
1	7	2	3	5	6	8	4	9
6	5	3	4	8	2	7	9	1
2	1	8	7	3	9	4	5	6
7	9	4	5	6	1	2	3	8

Puzzle 50

1	5	3	7	2	8	6	9	4
6	8	9	1	5	4	2	7	3
4	2	7	3	9	6	5	8	1
9	4	5	2	7	3	8	1	6
2	1	6	9	8	5	4	3	7
7	3	8	6	4	1	9	5	2
5	9	1	4	6	7	3	2	8
3	6	2	8	1	9	7	4	5
8	7	4	5	3	2	1	6	9

Puzzle 51

4	8	5	1	3	2	9	6	7
1	9	2	7	5	6	8	3	4
3	6	7	4	8	9	1	5	2
5	4	6	2	9	3	7	1	8
2	3	8	6	1	7	4	9	5
7	1	9	8	4	5	6	2	3
8	5	4	3	6	1	2	7	9
6	7	3	9	2	4	5	8	1
9	2	1	5	7	8	3	4	6

Puzzle 52

7	9	1	8	5	3	2	6	4
5	2	6	4	1	9	8	7	3
3	8	4	6	7	2	1	9	5
9	3	7	1	8	4	6	5	2
4	5	8	2	9	6	7	3	1
1	6	2	7	3	5	9	4	8
8	1	5	3	6	7	4	2	9
2	7	3	9	4	8	5	1	6
6	4	9	5	2	1	3	8	7

Puzzle 53

2	9	1	4	5	7	3	6	8
4	3	8	2	1	6	5	7	9
6	7	5	3	9	8	1	4	2
5	1	3	7	8	2	6	9	4
8	4	7	1	6	9	2	5	3
9	6	2	5	3	4	8	1	7
3	8	9	6	7	5	4	2	1
7	5	4	8	2	1	9	3	6
1	2	6	9	4	3	7	8	5

Puzzle 54

9	1	7	4	2	3	6	5	8
3	4	8	6	9	5	1	7	2
5	2	6	7	8	1	4	9	3
1	8	3	2	7	6	9	4	5
6	7	2	5	4	9	8	3	1
4	9	5	3	1	8	7	2	6
2	6	9	1	3	7	5	8	4
8	5	4	9	6	2	3	1	7
7	3	1	8	5	4	2	6	9

Puzzle 55

6	9	1	5	8	7	4	2	3
3	7	4	9	2	1	8	5	6
2	8	5	3	4	6	1	9	7
5	3	7	2	9	8	6	1	4
1	6	8	7	5	4	9	3	2
4	2	9	1	6	3	5	7	8
9	5	6	4	7	2	3	8	1
8	1	2	6	3	9	7	4	5
7	4	3	8	1	5	2	6	9

Puzzle 56

5	6	7	1	2	8	4	3	9
8	3	1	9	6	4	2	5	7
4	2	9	7	5	3	6	8	1
3	8	2	5	9	7	1	4	6
6	7	4	2	3	1	8	9	5
1	9	5	4	8	6	3	7	2
9	1	3	8	7	2	5	6	4
2	5	6	3	4	9	7	1	8
7	4	8	6	1	5	9	2	3

Puzzle 57

1	9	4	3	5	8	6	2	7
8	3	2	6	4	7	1	9	5
7	5	6	2	9	1	3	4	8
9	6	5	8	3	4	2	7	1
3	8	7	1	2	6	9	5	4
2	4	1	9	7	5	8	3	6
6	7	3	4	8	2	5	1	9
4	2	8	5	1	9	7	6	3
5	1	9	7	6	3	4	8	2

Puzzle 58

3	2	8	4	6	7	9	5	1
9	5	7	1	8	2	4	6	3
4	1	6	3	5	9	2	7	8
1	4	5	8	2	3	6	9	7
6	3	2	9	7	5	8	1	4
8	7	9	6	4	1	3	2	5
7	8	1	2	3	6	5	4	9
2	9	3	5	1	4	7	8	6
5	6	4	7	9	8	1	3	2

Puzzle 59

5	2	7	3	9	6	8	1	4
1	4	6	8	5	7	9	3	2
9	8	3	4	2	1	6	7	5
2	7	4	5	1	8	3	6	9
6	1	5	9	3	2	7	4	8
3	9	8	6	7	4	2	5	1
7	5	2	1	8	3	4	9	6
4	3	9	2	6	5	1	8	7
8	6	1	7	4	9	5	2	3

Puzzle 60

1	3	8	5	2	9	7	6	4
5	9	7	4	3	6	2	1	8
6	4	2	1	7	8	9	3	5
7	8	4	9	1	3	5	2	6
2	5	1	8	6	7	3	4	9
9	6	3	2	5	4	8	7	1
8	7	6	3	4	5	1	9	2
4	2	9	7	8	1	6	5	3
3	1	5	6	9	2	4	8	7

Puzzle 61

8	1	9	3	6	2	5	7	4
3	7	5	1	8	4	6	9	2
4	2	6	9	7	5	8	1	3
2	4	8	6	3	1	7	5	9
6	3	7	4	5	9	2	8	1
5	9	1	8	2	7	4	3	6
9	5	2	7	4	3	1	6	8
7	8	3	2	1	6	9	4	5
1	6	4	5	9	8	3	2	7

Puzzle 62

3	6	4	1	5	8	2	9	7
1	8	2	9	7	3	4	6	5
7	5	9	6	2	4	8	3	1
2	4	3	8	1	5	9	7	6
5	7	8	3	6	9	1	4	2
6	9	1	2	4	7	5	8	3
9	2	7	5	8	6	3	1	4
8	1	6	4	3	2	7	5	9
4	3	5	7	9	1	6	2	8

Puzzle 63

6	7	1	5	2	3	9	8	4
8	9	3	4	7	1	5	6	2
4	5	2	6	8	9	1	3	7
5	2	6	9	4	8	3	7	1
7	3	9	2	1	6	4	5	8
1	8	4	7	3	5	2	9	6
3	6	7	1	9	2	8	4	5
2	4	8	3	5	7	6	1	9
9	1	5	8	6	4	7	2	3

Puzzle 64

5	4	3	9	8	1	2	6	7
2	6	9	7	4	5	3	8	1
8	7	1	2	6	3	9	5	4
9	3	7	5	1	2	8	4	6
1	8	4	3	9	6	7	2	5
6	2	5	8	7	4	1	9	3
3	9	8	4	5	7	6	1	2
7	5	6	1	2	8	4	3	9
4	1	2	6	3	9	5	7	8

Puzzle 65

7	5	4	3	8	6	1	9	2
6	1	2	4	7	9	5	3	8
9	8	3	5	1	2	4	7	6
1	3	7	2	4	8	9	6	5
2	9	6	7	5	1	3	8	4
8	4	5	9	6	3	7	2	1
3	2	8	1	9	4	6	5	7
4	7	9	6	2	5	8	1	3
5	6	1	8	3	7	2	4	9

Puzzle 66

6	7	5	9	1	3	8	2	4
2	1	3	4	6	8	5	9	7
9	8	4	7	5	2	1	6	3
7	5	2	1	4	9	3	8	6
4	3	1	5	8	6	9	7	2
8	6	9	3	2	7	4	1	5
3	9	6	8	7	4	2	5	1
5	2	8	6	3	1	7	4	9
1	4	7	2	9	5	6	3	8

Puzzle 67

8	3	1	7	9	6	2	5	4
7	2	6	4	5	8	3	9	1
5	4	9	2	3	1	6	8	7
6	7	2	5	4	3	8	1	9
1	9	5	8	7	2	4	3	6
3	8	4	1	6	9	5	7	2
4	1	3	6	8	7	9	2	5
9	6	7	3	2	5	1	4	8
2	5	8	9	1	4	7	6	3

Puzzle 68

9	6	1	4	5	7	2	8	3
8	2	4	3	1	6	9	5	7
3	7	5	8	2	9	4	1	6
5	1	9	6	7	2	3	4	8
2	3	6	1	8	4	5	7	9
7	4	8	5	9	3	1	6	2
4	9	2	7	6	1	8	3	5
6	5	3	2	4	8	7	9	1
1	8	7	9	3	5	6	2	4

Puzzle 69

5	2	9	4	6	8	1	7	3
1	8	6	3	2	7	5	4	9
4	3	7	1	5	9	2	6	8
9	4	8	5	7	2	3	1	6
6	7	5	8	1	3	4	9	2
3	1	2	6	9	4	8	5	7
2	9	1	7	3	5	6	8	4
8	6	3	9	4	1	7	2	5
7	5	4	2	8	6	9	3	1

Puzzle 70

6	4	2	7	5	8	3	9	1
8	5	9	1	3	6	4	2	7
7	3	1	4	2	9	5	8	6
2	9	3	5	4	7	1	6	8
5	8	7	6	1	3	9	4	2
1	6	4	9	8	2	7	3	5
4	2	5	3	6	1	8	7	9
3	7	8	2	9	5	6	1	4
9	1	6	8	7	4	2	5	3

Puzzle 71

7	3	5	8	6	2	1	9	4
6	1	2	4	5	9	7	3	8
8	4	9	3	7	1	2	5	6
2	5	8	1	9	7	6	4	3
4	6	1	5	2	3	8	7	9
9	7	3	6	4	8	5	1	2
5	2	7	9	3	6	4	8	1
1	9	6	7	8	4	3	2	5
3	8	4	2	1	5	9	6	7

Puzzle 72

1	9	5	3	7	4	8	6	2
6	7	3	1	2	8	5	4	9
8	4	2	9	5	6	1	3	7
2	3	8	6	9	7	4	5	1
5	1	4	2	8	3	9	7	6
7	6	9	4	1	5	3	2	8
3	2	1	7	4	9	6	8	5
4	8	7	5	6	1	2	9	3
9	5	6	8	3	2	7	1	4

Puzzle 73

2	3	6	4	1	7	9	5	8
7	1	5	8	2	9	4	3	6
4	9	8	5	6	3	1	2	7
8	5	1	3	9	4	6	7	2
6	4	7	2	5	1	3	8	9
9	2	3	6	7	8	5	1	4
3	8	2	1	4	6	7	9	5
5	6	9	7	3	2	8	4	1
1	7	4	9	8	5	2	6	3

Puzzle 74

6	4	2	3	7	8	1	9	5
1	8	9	5	2	6	7	3	4
3	5	7	4	1	9	8	2	6
5	7	6	9	3	1	4	8	2
8	2	3	6	5	4	9	7	1
4	9	1	2	8	7	6	5	3
2	1	8	7	4	3	5	6	9
7	6	5	1	9	2	3	4	8
9	3	4	8	6	5	2	1	7

Puzzle 75

2	6	3	7	4	9	1	5	8
1	4	5	3	8	2	7	6	9
8	7	9	6	1	5	2	4	3
6	3	8	9	7	1	5	2	4
4	9	7	5	2	6	3	8	1
5	1	2	8	3	4	9	7	6
7	2	1	4	9	8	6	3	5
9	5	4	2	6	3	8	1	7
3	8	6	1	5	7	4	9	2

Puzzle 76

7	4	6	2	3	8	5	9	1
1	2	8	6	5	9	7	3	4
9	3	5	1	4	7	8	2	6
8	7	1	4	2	6	9	5	3
3	9	2	5	8	1	4	6	7
5	6	4	7	9	3	1	8	2
4	5	3	8	7	2	6	1	9
6	8	9	3	1	4	2	7	5
2	1	7	9	6	5	3	4	8

Puzzle 77

3	7	4	9	1	8	5	2	6
2	9	8	5	6	4	3	7	1
5	6	1	3	2	7	8	9	4
4	5	3	8	9	6	7	1	2
6	2	9	7	3	1	4	5	8
1	8	7	2	4	5	6	3	9
7	4	6	1	5	9	2	8	3
9	3	5	6	8	2	1	4	7
8	1	2	4	7	3	9	6	5

Puzzle 78

8	7	4	6	3	2	1	9	5
1	6	5	7	9	8	3	4	2
3	2	9	4	5	1	6	7	8
2	5	6	8	1	7	9	3	4
7	4	3	9	2	5	8	1	6
9	8	1	3	4	6	5	2	7
5	9	7	1	8	4	2	6	3
6	3	8	2	7	9	4	5	1
4	1	2	5	6	3	7	8	9

Puzzle 79

4	9	2	5	8	1	7	3	6
6	1	7	4	3	2	8	5	9
5	3	8	6	7	9	4	1	2
2	5	9	1	6	4	3	7	8
1	6	3	8	5	7	2	9	4
7	8	4	2	9	3	5	6	1
8	2	6	7	1	5	9	4	3
3	4	5	9	2	6	1	8	7
9	7	1	3	4	8	6	2	5

Puzzle 80

1	6	5	8	3	2	7	4	9
4	2	3	7	6	9	5	1	8
7	8	9	4	1	5	2	3	6
2	1	6	9	8	4	3	5	7
8	9	4	5	7	3	1	6	2
5	3	7	1	2	6	8	9	4
3	7	8	6	4	1	9	2	5
6	5	1	2	9	8	4	7	3
9	4	2	3	5	7	6	8	1

Puzzle 81

8	3	7	2	9	6	5	1	4
6	2	4	3	5	1	9	8	7
1	9	5	4	8	7	2	6	3
4	1	9	8	3	5	7	2	6
7	8	3	6	2	4	1	5	9
2	5	6	7	1	9	4	3	8
9	6	2	1	4	3	8	7	5
5	7	1	9	6	8	3	4	2
3	4	8	5	7	2	6	9	1

Puzzle 82

6	4	8	5	7	1	2	9	3
2	1	3	6	9	4	8	7	5
7	9	5	3	2	8	6	4	1
3	6	2	8	4	7	1	5	9
1	5	7	9	6	3	4	8	2
4	8	9	2	1	5	3	6	7
5	7	6	4	3	2	9	1	8
8	2	4	1	5	9	7	3	6
9	3	1	7	8	6	5	2	4

Puzzle 83

2	8	7	6	5	1	4	3	9
3	6	1	4	9	8	2	7	5
4	5	9	2	3	7	1	8	6
5	2	6	3	7	4	9	1	8
9	1	4	8	2	6	3	5	7
7	3	8	5	1	9	6	2	4
8	7	2	9	6	3	5	4	1
1	9	3	7	4	5	8	6	2
6	4	5	1	8	2	7	9	3

Puzzle 84

7	2	9	4	3	1	5	6	8
5	8	6	9	2	7	3	1	4
4	1	3	5	8	6	2	9	7
1	9	2	7	4	8	6	5	3
8	6	4	2	5	3	9	7	1
3	7	5	1	6	9	8	4	2
6	5	7	8	1	2	4	3	9
9	3	8	6	7	4	1	2	5
2	4	1	3	9	5	7	8	6

Puzzle 85

7	1	8	6	9	3	4	2	5
6	4	3	7	2	5	1	9	8
2	9	5	1	4	8	7	3	6
5	8	9	2	6	7	3	1	4
3	6	7	4	5	1	9	8	2
4	2	1	8	3	9	6	5	7
9	3	4	5	8	6	2	7	1
8	7	2	9	1	4	5	6	3
1	5	6	3	7	2	8	4	9

Puzzle 86

3	5	8	7	2	1	6	9	4
7	9	1	4	6	3	5	8	2
4	2	6	5	8	9	3	1	7
1	7	9	6	3	5	2	4	8
2	3	4	1	9	8	7	6	5
8	6	5	2	7	4	9	3	1
5	8	7	3	1	6	4	2	9
9	4	3	8	5	2	1	7	6
6	1	2	9	4	7	8	5	3

Puzzle 87

7	3	9	8	1	4	6	5	2
5	4	8	3	6	2	1	7	9
6	1	2	5	7	9	4	3	8
9	5	3	4	8	1	2	6	7
1	6	4	7	2	5	8	9	3
8	2	7	6	9	3	5	1	4
3	8	5	1	4	7	9	2	6
2	7	6	9	5	8	3	4	1
4	9	1	2	3	6	7	8	5

Puzzle 88

5	8	1	6	3	4	2	7	9
4	7	3	9	1	2	8	5	6
6	9	2	7	5	8	3	1	4
8	5	7	4	6	3	9	2	1
9	3	4	1	2	5	7	6	8
1	2	6	8	7	9	5	4	3
2	1	9	3	4	7	6	8	5
7	4	8	5	9	6	1	3	2
3	6	5	2	8	1	4	9	7

Puzzle 89

1	6	4	3	7	8	9	2	5
5	3	8	9	6	2	7	4	1
2	7	9	1	4	5	3	6	8
6	1	5	7	2	9	4	8	3
3	8	2	6	5	4	1	7	9
4	9	7	8	3	1	2	5	6
8	2	3	5	9	7	6	1	4
9	4	1	2	8	6	5	3	7
7	5	6	4	1	3	8	9	2

Puzzle 90

8	5	3	2	1	6	7	9	4
7	4	6	9	3	5	2	8	1
1	9	2	8	4	7	3	6	5
5	1	9	4	6	3	8	2	7
3	2	4	7	9	8	5	1	6
6	7	8	1	5	2	4	3	9
2	3	5	6	7	9	1	4	8
4	6	7	3	8	1	9	5	2
9	8	1	5	2	4	6	7	3

Puzzle 91

7	5	8	1	9	3	4	2	6
6	3	4	7	2	8	9	5	1
9	2	1	5	6	4	7	3	8
1	8	2	9	5	6	3	4	7
3	7	9	8	4	1	2	6	5
5	4	6	3	7	2	1	8	9
4	9	7	2	8	5	6	1	3
8	6	3	4	1	9	5	7	2
2	1	5	6	3	7	8	9	4

Puzzle 92

8	4	9	6	3	1	5	2	7
2	1	3	5	7	4	8	9	6
6	5	7	8	9	2	3	4	1
7	9	1	4	5	6	2	8	3
5	6	2	3	8	9	1	7	4
3	8	4	1	2	7	6	5	9
1	2	6	9	4	8	7	3	5
9	3	8	7	6	5	4	1	2
4	7	5	2	1	3	9	6	8

Puzzle 93

7	5	8	3	2	9	6	4	1
2	3	4	1	5	6	8	9	7
6	9	1	4	7	8	5	3	2
1	8	2	9	4	7	3	6	5
5	6	9	2	8	3	7	1	4
4	7	3	5	6	1	9	2	8
8	4	5	6	9	2	1	7	3
9	1	7	8	3	4	2	5	6
3	2	6	7	1	5	4	8	9

Puzzle 94

4	9	8	3	7	5	2	1	6
1	7	6	8	2	9	4	5	3
2	5	3	1	6	4	8	7	9
9	3	1	6	4	7	5	8	2
5	8	4	2	1	3	6	9	7
7	6	2	9	5	8	1	3	4
6	4	5	7	9	1	3	2	8
3	2	7	5	8	6	9	4	1
8	1	9	4	3	2	7	6	5

Puzzle 95

4	8	9	7	3	1	5	2	6
2	6	7	9	4	5	8	1	3
5	1	3	8	2	6	7	4	9
1	9	2	4	5	8	3	6	7
3	5	8	1	6	7	4	9	2
7	4	6	2	9	3	1	8	5
8	7	5	6	1	9	2	3	4
6	3	4	5	8	2	9	7	1
9	2	1	3	7	4	6	5	8

Puzzle 96

2	9	5	8	7	6	4	1	3
4	8	1	3	9	5	6	2	7
6	7	3	2	1	4	5	8	9
3	5	4	6	2	7	1	9	8
8	1	6	5	3	9	2	7	4
7	2	9	4	8	1	3	5	6
1	4	8	9	6	2	7	3	5
9	6	2	7	5	3	8	4	1
5	3	7	1	4	8	9	6	2

Puzzle 97

2	5	1	8	9	4	7	3	6
8	4	7	5	6	3	9	2	1
9	6	3	2	7	1	8	4	5
5	3	9	1	8	7	2	6	4
1	8	6	9	4	2	3	5	7
4	7	2	3	5	6	1	9	8
6	1	4	7	2	9	5	8	3
3	9	8	4	1	5	6	7	2
7	2	5	6	3	8	4	1	9

Puzzle 98

6	8	5	3	2	1	7	4	9
1	4	3	6	9	7	8	5	2
7	2	9	4	5	8	6	1	3
3	6	8	1	4	9	5	2	7
9	5	2	7	3	6	1	8	4
4	7	1	2	8	5	9	3	6
5	3	7	9	1	2	4	6	8
8	9	4	5	6	3	2	7	1
2	1	6	8	7	4	3	9	5

Puzzle 99

3	1	4	9	5	8	6	7	2
5	9	7	1	6	2	4	8	3
8	2	6	3	7	4	9	1	5
6	8	1	5	3	7	2	9	4
7	5	2	4	1	9	8	3	6
9	4	3	8	2	6	7	5	1
1	7	9	2	4	5	3	6	8
2	3	8	6	9	1	5	4	7
4	6	5	7	8	3	1	2	9

Puzzle 100

6	7	2	3	5	9	1	8	4
3	1	9	6	4	8	2	7	5
4	5	8	7	1	2	6	9	3
1	2	3	9	6	5	8	4	7
9	6	5	4	8	7	3	1	2
8	4	7	2	3	1	9	5	6
5	3	4	8	9	6	7	2	1
2	8	6	1	7	4	5	3	9
7	9	1	5	2	3	4	6	8

www.ingramcontent.com/pod-product-compliance
Lightning Source LLC
Chambersburg PA
CBHW070818220526
45466CB00002B/709